爱上数学 29
·规律 3·

一床巨大的被子

〔韩〕朴安罗 / 著　〔韩〕徐淑喜 / 绘　江凡 / 译

云南出版集团　晨光出版社

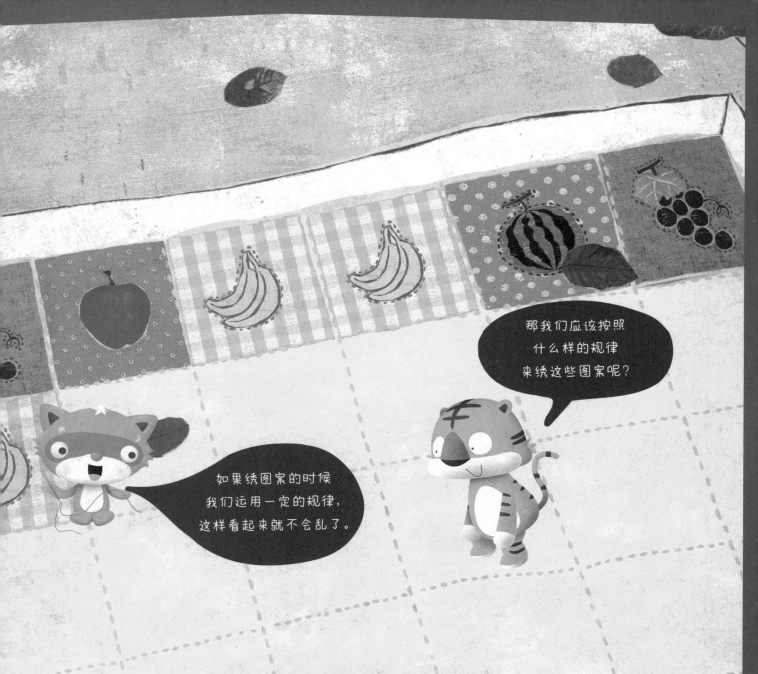

小矮人们正在缝制一床很大很大的被子。

被子上有红色的苹果图案，黄色的香蕉图案，绿色的西瓜图案，紫色的葡萄图案。

小矮人们会用这些图案做出一床什么样的被子呢？

　　从前，有一个只有小矮人居住的村庄。这里的小矮人不管是大人还是小孩，都像洋娃娃一样小。房子、床、餐桌和碗，小得像玩具一样。

　　当然，这里的稻田也很袖珍。但是，他们的邻居却是一个住在森林里的巨人。

　　有时候遇见巨人，小矮人们会吓得赶紧躲起来。尽管如此，他们还是非常满足地在这里过着幸福的生活。

有一天,小矮人的村子里下起了倾盆大雨,电闪雷鸣,狂风大作。

天哪！好多年没有见过这么大的雨了！小矮人们不知所措地跺起了脚。那些辛辛苦苦种的谷物全都倒下了，大树也"嘎嘣嘎嘣"地折断了。

"哗啦啦！哗啦啦！"大雨下个不停。平常温柔的小溪变成了洪水猛兽，连上面的独木桥也被冲走了。

雨下了整整两天两夜，终于停了。

小矮人们一个个哭丧着脸。

"稻田里一塌糊涂。"

"如果不赶紧收拾谷物，就全烂在地里了。"

"独木桥也没有了，怎么去对岸的稻田呢？"

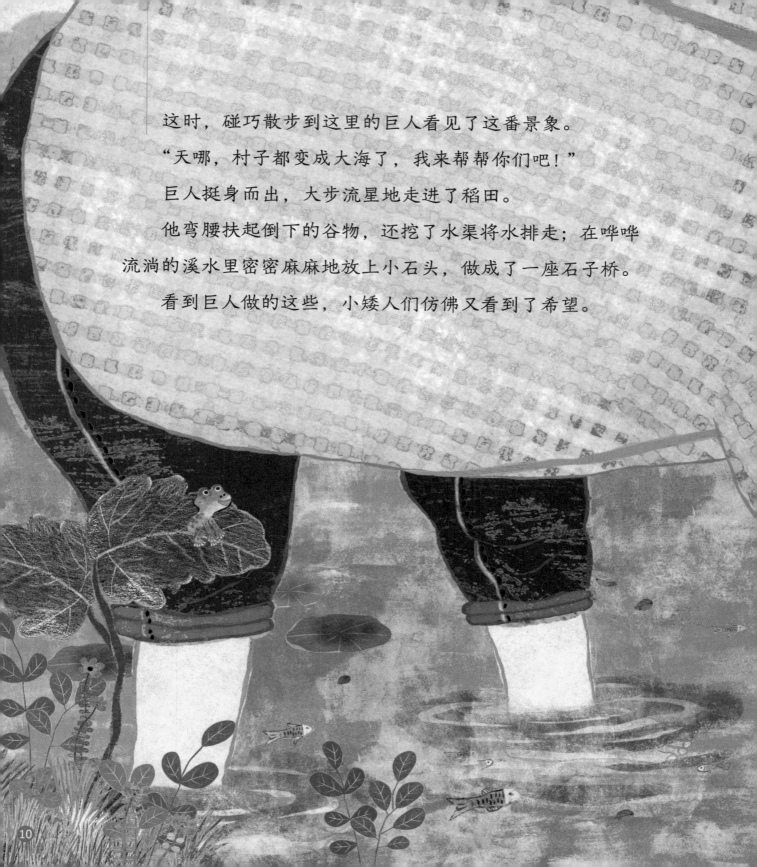

这时，碰巧散步到这里的巨人看见了这番景象。

"天哪，村子都变成大海了，我来帮帮你们吧！"

巨人挺身而出，大步流星地走进了稻田。

他弯腰扶起倒下的谷物，还挖了水渠将水排走；在哗哗
流淌的溪水里密密麻麻地放上小石头，做成了一座石子桥。

看到巨人做的这些，小矮人们仿佛又看到了希望。

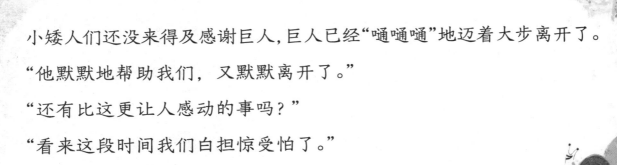

小矮人们还没来得及感谢巨人，巨人已经"嗵嗵嗵"地迈着大步离开了。

"他默默地帮助我们，又默默离开了。"

"还有比这更让人感动的事吗？"

"看来这段时间我们白担惊受怕了。"

小矮人们非常感谢帮助了他们的巨人。因此，他们准备送给巨人一个礼物以表谢意。可是，送个什么礼物好呢？

他们想知道巨人最需要的东西是什么。

于是，有天晚上，3个小矮人被选作代表悄悄地来到了巨人的家。

巨人的家在森林深处背阴的地方。就算是盛夏时节，一到晚上，这里也会变得冷飕飕的。

小矮人们探头探脑地朝巨人的房间里望去，刚好听见巨人打了个喷嚏，自言自语地说道："唉，要是有一床暖和的被子就好了。"

得知了这个消息，小矮人们准备合力给巨人做一床被子。

"既然要做，我们在上面绣上酸甜可口的水果或营养丰富的蔬菜图案怎么样？"

"绣上苹果图案应该会很好看！"

"我觉得香蕉图案更好看呢。"

"看来你们是没有见过西瓜图案，绿油油的西瓜最好看！"

"绣着葡萄图案的被子该有多好看啊……"

小矮人们都觉得自己提议的图案最好看，争得不可开交。

这时，一个一直在默默思考的戴眼镜的小矮人说道："我觉得，把这些图案都绣上去应该会更好看。"

　　"这么多图案，花花绿绿的不会显得很乱吗？"

　　"如果我们制定一个顺序就不会乱啦。"

　　"顺序？什么顺序？"

　　"按照制定好的顺序去绣，这些图案就自然而然地有了规律。"

　　听完这个小矮人的话，大家的眼睛眨个不停，因为他们都不理解这到底是什么意思。

　　戴眼镜的小矮人继续解释道:"首先,我们要确定图案的顺序,然后按照确定好的顺序重复相应的图案就可以了。苹果、香蕉、西瓜、葡萄,然后再是苹果、香蕉、西瓜、葡萄,依此类推。"

　　"嗯,这样就自然而然地有了规律。"

　　"那么,稍微把要绣上去的图案的种类个数变一下怎么样?像这样:苹果-香蕉-香蕉-西瓜-葡萄-葡萄。"

　　"虽然有点儿难,但这样更有意思。那么我们试着这样做做看吧!"

　　小矮人们高兴地憧憬起被子五颜六色的样子。

　　小矮人们会用这些图案做出一床什么样的被子呢?

第二天，小矮人们开始缝制被子。

他们先在大大的被子上整整齐齐地做出了许多四边形的小格子。

然后每人站在一个格子上，准备缝制水果图案。

"我来绣红色的苹果图案。"

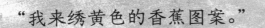

"我来绣黄色的香蕉图案。"

"我也绣黄色的香蕉图案。"

"我要绣绿色的西瓜图案。"

旁边的两个小矮人异口同声地说道:"那么我们

俩绣紫色的葡萄图案!"

绣着绣着，突然，坐在第七个格子里的小矮人有些迷糊了，"我应该绣哪个图案呢？"

坐在第一个格子里的小矮人说道："这个规律就是按照刚才的顺序不断重复。我们从头开始数，你这个格子应该是苹果图案！"

"啊，原来是这样！"

小矮人们用心地一针一线绣着图案，遇上弄不清楚该绣哪个图案的时候就再从头数一遍。

这时，突然有一个调皮的小矮人开始在原本该绣葡萄图案的格子里绣起了草莓。

他想："我绣一个喜欢的草莓图案上去应该没什么关系吧。"

大家看到后吓了一跳，赶忙跑过来劝阻他。

"草莓不是我们按照规律应该绣的图案，你这样做就把我们的顺序打乱啦。"

调皮的小矮人没办法，只好把绣上的草莓图案拆了下来，重新绣。

一天，二天，三天……

不知不觉，被子的表面绣满了各种各样的水果图案。

红色的苹果和黄色的香蕉，绿色的西瓜和紫色的葡萄有规律地排列着，看上去漂亮极了。

那个绣草莓的调皮小矮人不禁感叹起来："我以前都不知道有规律的图案能这么好看！"

接下来，小矮人们开始努力地一趟一趟扛棉花，他们用棉花把被子塞得满满的，然后再一针一线地缝起来。

终于，这床很大很大的被子缝好了。

"嗨哟，嗨哟！"

小矮人们合力将这床很大很大的被子顶到了头上，然后迈着整齐的步伐，喊着"1、2，1、2"朝巨人住的森林里走去。

"咦，那边慢慢挪动的是什么呀？好像还是往我家这边来的？"

站在家门口的巨人，不可置信地揉了揉眼睛。

那床被小矮人们顶起的被子，看起来就像是缓缓飘来的新鲜水果。

等走到跟前，小矮人们对巨人说："这是送给您的礼物，一床温暖的被子。"

"这是真的吗？你们要把这么珍贵的被子送给我？"弯下身子的巨人惊喜地问道。

"您上次帮助了我们，这是我们对您的感谢。"

听到这么郑重其事的道谢，巨人不好意思地挠挠头，"那对我来说并不是什么难事……托你们的福，现在我终于可以睡个温暖的好觉了。"

小矮人们蹦蹦跳跳地跑到被子上喊道："我们是朋友，以后也要互相帮助哟！"

让我们跟巨人一起回顾一下前面的故事吧！

　　小矮人们缝制的这床很大很大的被子是不是特别可爱呢？在这个故事里，小矮人们送给我的被子上的图案是按照一定的规律缝制的。而且，他们遵守的规律并不是单纯的重复图案，而是让个数有一点点的变化，像这样：苹果 - 香蕉 - 香蕉 - 西瓜 - 葡萄 - 葡萄。

　　现在，我们再来详细地了解下有关创造规律的内容吧。

数学面对面

数学概念 如何创造规律

前面，通过小矮人给巨人做被子的故事，我们已经接触了规律这个概念。观察下面的这些排列，找出其中的规律，试着用数或文字表述出来。

下面这4堆贝壳是按照一定的规律摆在沙滩上的。按照这个规律，你能推算出第五堆和第六堆应该各有多少个贝壳吗？

首先我们按顺序数出贝壳的个数，分别是 3，6，9 和 12。然后再来思考相邻数字间的关系。

首先数一数贝壳的个数，然后观察前后数之间的关系，找出规律。按照这个规律，推测出后面应该出现的贝壳数量就可以了！

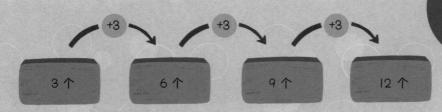

| 3个 | +3 | 6个 | +3 | 9个 | +3 | 12个 |

这堆贝壳的规律就是下一堆贝壳的数量比上一堆贝壳的数量多3个。

根据这样的规律推测一下，第五堆贝壳的数量是 12+3=15（个），第六堆贝壳的数量就是 15+3=18（个）。

观察下面一排图形，找出其中的规律，并试着用数或者文字表述出来。

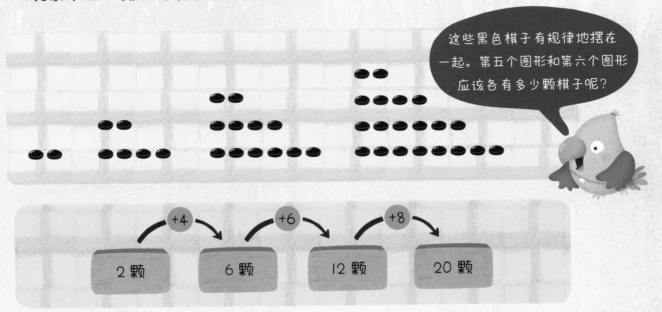

这些黑色棋子有规律地摆在一起。第五个图形和第六个图形应该各有多少颗棋子呢？

棋子摆放的规律是每一组棋子的个数依次比前一组多 4 颗、6 颗、8 颗。

根据这样的规律试着推测：

第 5 个图形摆放棋子的颗数是 20+10=30（颗），

第 6 个图形摆放棋子的颗数是 30+12=42（颗）。

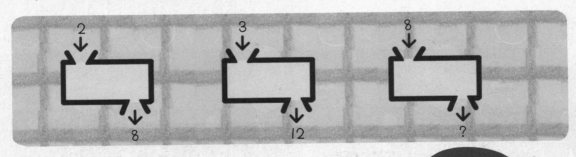

再来观察一下这组数据：

放入 2，出来的是 8；放入 3，出来的是 12。

$2 \times 4 = 8$，$3 \times 4 = 12$。

也就是说，规律是放入一个数，出来的数就是这个数的 4 倍。

因此根据 $8 \times 4 = 32$，所以放入 8，出来的就是 32。

你能找出其中的规律吗？

其实将图案平移、翻转或者旋转后，有规律地将其排列起来，就可以做出各式各样的花纹。

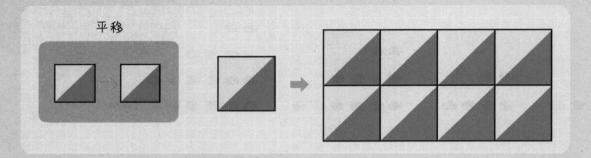

通过上图可以得出，用平移的方式做出的花纹，样子不变。

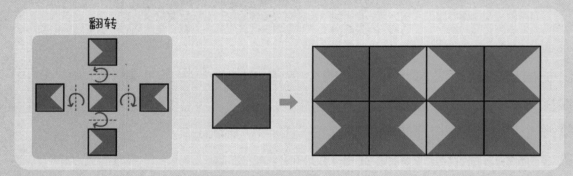

用翻转的方式做出的花纹，向上翻转得到的图案和向下翻转得到的图案是一样的，向左翻转得到的图案和向右翻转得到的图案也是一样的。

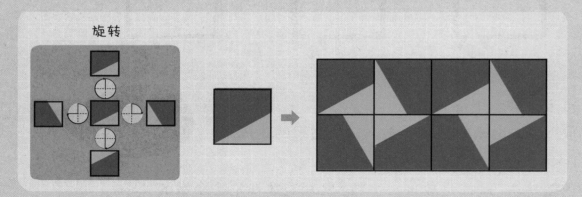

用旋转的方式做出的花纹，会有各种各样不同的图案。

现在我们尝试将平移、翻转、旋转这三种方式混合起来，看看能做出什么样的花纹。

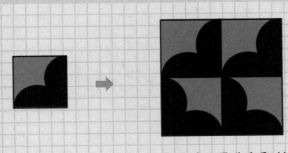 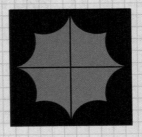

同时使用平移和翻转
做出的花纹。

同时使用旋转和翻转
做出的花纹。

两种或两种以上的图案交替平移，也可以做出新的花纹。

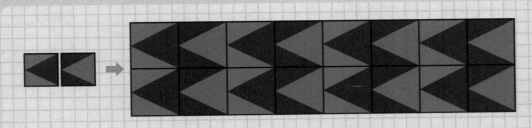

重复使用平移做出的花纹。

好奇心一刻

镶嵌工艺

　　重复使用一个特定的图案或者几个图案做成的花纹，将一个平面不留缝隙地铺满叫作"镶嵌"。其实，镶嵌工艺在很久以前就被人们使用在了美术和建筑等领域中。使用镶嵌工艺极具代表性的建筑就是西班牙的阿尔罕布拉宫，镶嵌到处都是，连地上的瓷砖和浴室的马赛克等都采用了镶嵌工艺。

▲ 阿尔罕布拉宫的地板

身边的数学

生活中的规律

　　找出事物中隐藏的规律是一件很有趣的事，但是如果试着自己创造规律，不仅有乐趣，还有成就感。下面，我们来看看规律跟我们日常生活之间的关系到底有多密切吧。

 **历史**

古人的智慧：七巧板

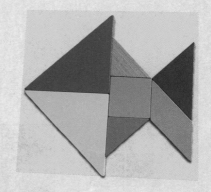

　　七巧板是由 7 块木板组成的玩具。木板分为 2 个大直角三角形、1 个中等直角三角形、2 个小直角三角形、1 个正方形和 1 个平行四边形。将这些木板自由组合，可以随心所欲地拼出各种各样的动物、植物和文字。七巧板制作简单，玩法多样，自古以来就是一种老少皆宜、寓教于乐的玩具。

手工

制作生活计划表

　　假期里，为了有规律地生活，大家应该都尝试着做过生活计划表吧。在生活计划表里，你会填些什么内容呢？大概连睡觉和一日三餐的时间都会写上。除此之外，还有写作业或者读书的时间，以及和朋友们玩耍的时间。做好生活计划表后，就能很清楚地知道什么时间应该干什么了。为了过一个充实而有规律的假期，你也试着做一个生活计划表吧！

🎹 音乐

有趣的歌曲

怎样才能把旋律单一的歌曲唱得有意思呢？可以先试试轮唱。轮唱是指选取同一首歌的其中一段旋律，几个人先唱，其他人在几个节拍后跟着唱的一种合唱方式。这样不同部分的歌词和音调会巧妙地结合在一起，可以唱出别样的乐趣。此外创造一些规律来演唱歌曲也很有趣。比如，分组对唱就是其中的一种。很多人一起你一句我一句地对唱，要比一个人唱歌更快乐。

🎨 艺术

有规律的花纹

在建筑物的墙壁、浴室的地面，以及人行道的地砖上，我们都可以找到排列规律的花纹。规律不仅仅体现在图案的样式上，也可以在图案的颜色上得到体现。我们还可以同时运用图案和色彩的规律来制作花纹。有规律的花纹除了在传统图案上可以看见，在世界各国的遗迹中也可以找到，其中最具代表性的有窗棂和一些寺院的花纹等。除此之外，很多美术作品中也采用了有规律的花纹。

▲ 有规律花纹的墙纸

▲ 有规律花纹的地板

动物被子

试着像小矮人们那样做一床漂亮的被子吧。找出被子上图案的摆放规律后，在空格里画上正确的小动物。

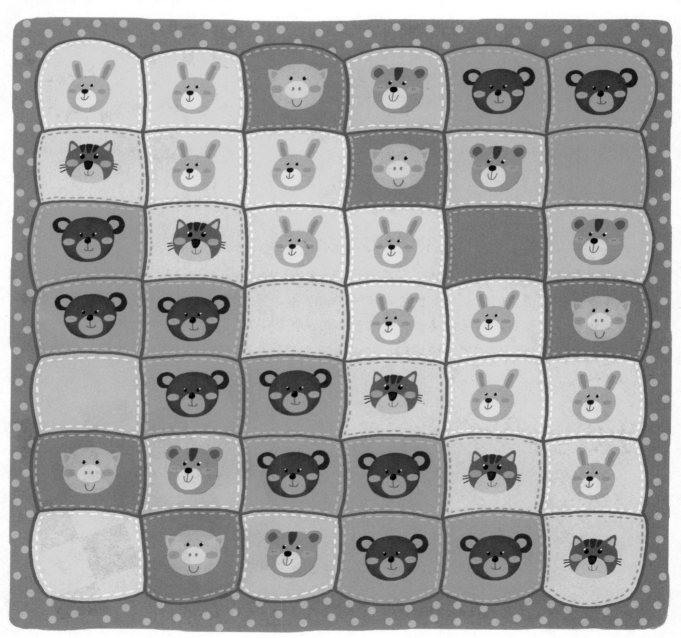

做个花枕头

小矮人们想给巨人做一个枕头。读完小矮人爷爷创造的规律后，试着画上相应的图形并涂上颜色，将枕头面填满。

1. 按"正方形-三角形-三角形-圆形-圆形-圆形"的顺序重复画图。
2. 按"粉红色-粉红色-绿色-黄色"的顺序给每个图形涂上颜色。

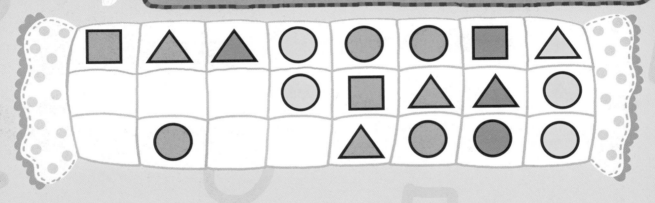

1. 按"圆形-正方形-三角形"的顺序重复画图。
2. 第一行按"粉红色-黄色-绿色"的顺序给每个图形涂上颜色。
3. 最后一行按"绿色-粉红色-黄色"的顺序给每个图形涂上颜色。
4. 中间这行任意使用刚才用过的画笔给每个图形涂上颜色，但相邻的两个图形的颜色不能重复。

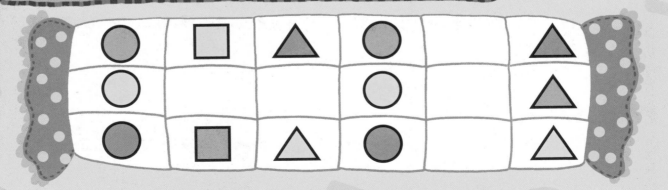

趣味小游戏3 电话号码是多少

巨人送给小矮人们一部电话机。观察下面图片的规律，在 □ 里写出相应的数字。然后将所有数字连在一起，写出巨人的电话号码。

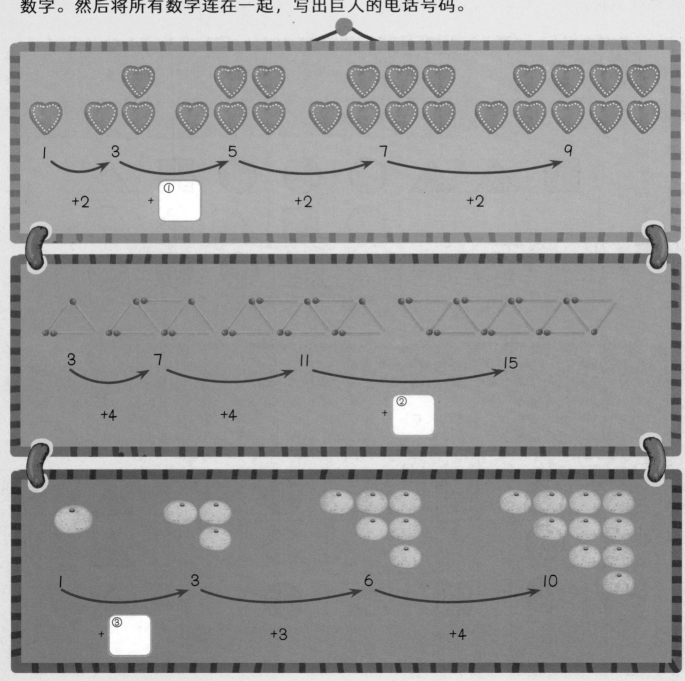

1 →(+2)→ 3 →(+①)→ 5 →(+2)→ 7 →(+2)→ 9

3 →(+4)→ 7 →(+4)→ 11 →(+②)→ 15

1 →(+③)→ 3 →(+3)→ 6 →(+4)→ 10

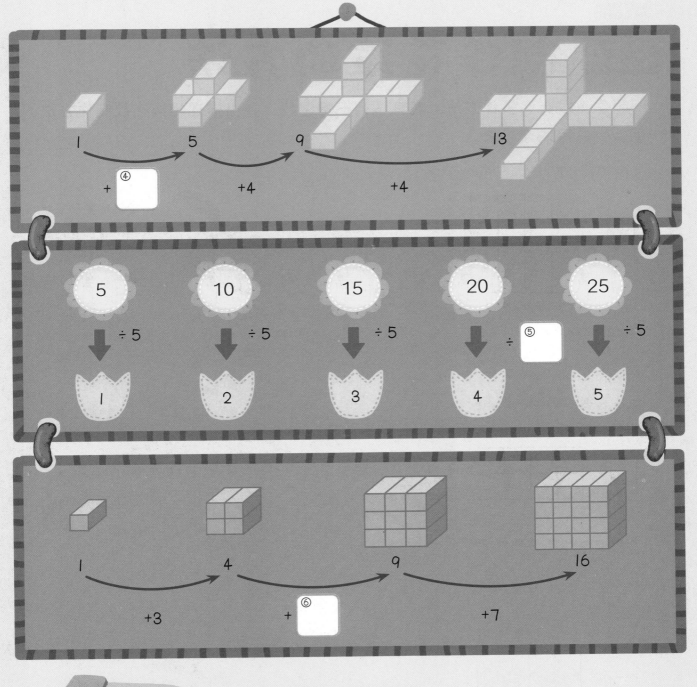

1 → 5 → 9 → 13

+ ④ +4 +4

5 10 15 20 25
÷5 ÷5 ÷5 ÷⑤ ÷5
1 2 3 4 5

1 → 4 → 9 → 16

+3 +⑥ +7

巨人的电话号码是?

① ② ③ ④ ⑤ ⑥

| 7 | | | — | | | |

趣味小游戏4 制作花纹的方法

制作花纹有许多种方法。观察下列三幅图片，找出描述相应花纹制作方法的小朋友，并用线连起来。

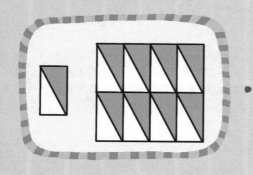

使用位置和形状都不发生变化的"平移"法制作出的花纹。

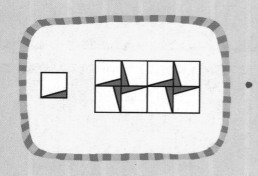

使用"旋转"法制作出的花纹。

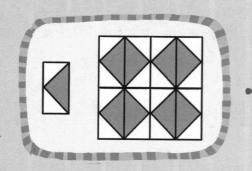

使用"翻转"法制作出的花纹。

街道上的花纹

阿虎和小兔在街道上看到了各种各样的花纹。参照阿虎对墙壁花纹的说明，以小兔的口吻写一段讲解路面上花纹的文字。

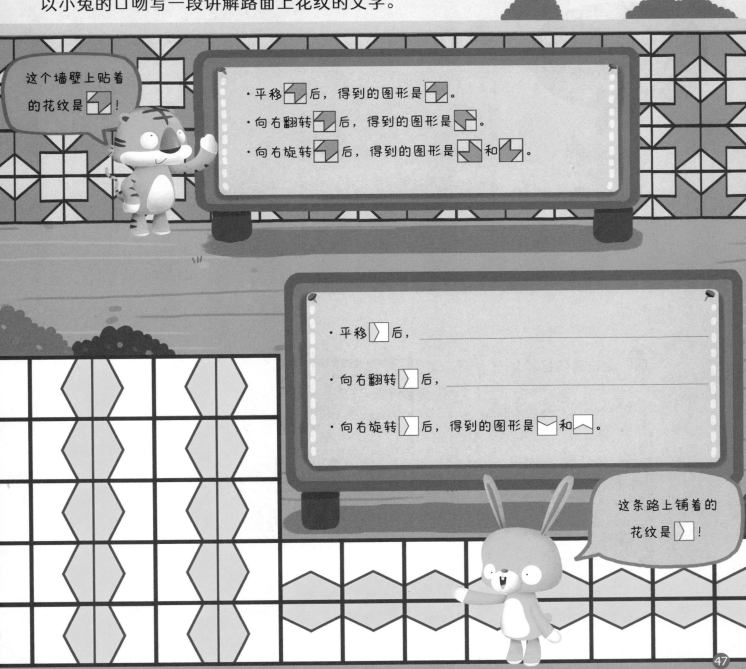

这个墙壁上贴着的花纹是▨！

- 平移▧后，得到的图形是▧。
- 向右翻转▧后，得到的图形是◪。
- 向右旋转▧后，得到的图形是◩和◪。

- 平移▷后，_____
- 向右翻转▷后，_____
- 向右旋转▷后，得到的图形是▽和△。

这条路上铺着的花纹是▷！

参考答案

哇，利用规律果然能够做出各种各样的图案啊！我也要试着做一次！

42~43 页

44~45 页

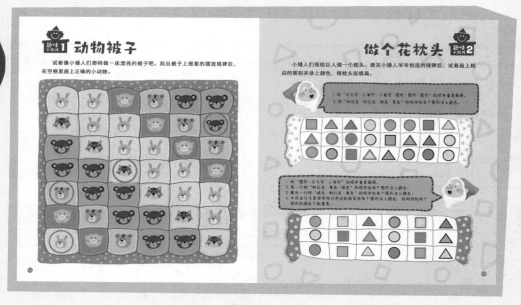

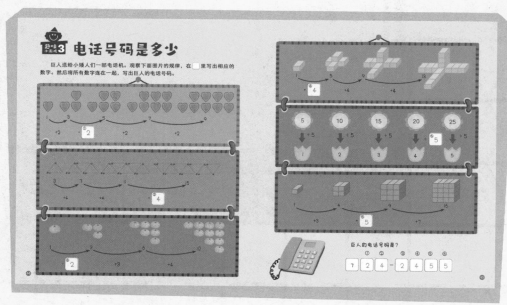